风电工程建设安全质量作业标准

场区配电工程分册

国电投河南新能源有限公司 编

图书在版编目（CIP）数据

风电工程建设安全质量作业标准. 2，场区配电工程分册 / 国电投河南新能源有限公司编. —北京：中国电力出版社，2020.11

ISBN 978-7-5198-4907-8

Ⅰ. ①风… Ⅱ. ①国… Ⅲ. ①风力发电－配电线路－电力工程－安全生产－质量标准－中国 Ⅳ. ①TM614-65

中国版本图书馆 CIP 数据核字（2020）第 159401 号

出版发行：中国电力出版社
地　　址：北京市东城区北京站西街 19 号（邮政编码 100005）
网　　址：http://www.cepp.sgcc.com.cn
责任编辑：赵鸣志（zhaomz@126.com）
责任校对：黄　蓓　常燕昆
装帧设计：赵姗姗
责任印制：吴　迪

印　　刷：北京天宇星印刷厂
版　　次：2020 年 11 月第一版
印　　次：2020 年 11 月北京第一次印刷
开　　本：787 毫米×1092 毫米　16 开本
印　　张：2.5
字　　数：49 千字
印　　数：0001—1500 册
定　　价：78.00 元（全六册）

《风电工程建设安全质量作业标准》
编写委员会

主　　任　耿银鼎

副 主 任　徐士勇　徐枪声

主　　编　邓随芳

编　　委　魏贵卿　王　浩　张喜东　孙程飞　李　珂　崔海飞
　　　　　任鸿涛　徐梦卓　马　欢　刘　洋　刘君一　张　昭
　　　　　李锦龙　兰　天

知识产权声明

前　　言

为规范国电投河南新能源有限公司全资和控股的新建、扩建陆上风力发电工程建设质量管理工作，明确质量要求，提升施工工艺质量标准，特编制本标准。

本标准由河南新能源工程建设中心组织编制并归口管理。

本标准主编单位：国电投河南新能源有限公司。

本标准主要编写人：李珂、任鸿涛。

本标准主要审查人：邓随芳、孙程飞。

目　　录

电缆线路工程部分

架空线路工程部分

编号	工艺名称	工艺流程	工艺标准及施工要点	验收标准	安全要点
1	导线耐张管压接	1. 施工准备 2. 割线 3. 导、地线压接 4. 光缆熔接 5. 测量	（1）耐张管、引流板的型号和引流板的角度应符合图纸要求。 （2）导线的连接部分不得有线股绞制不良、断股、缺股等缺陷。压接后管口附近不得有明显的松股现象。 （3）铝件的电气接触面应平整、光洁，不允许有毛刺或超过板厚极限偏差的碰伤、划伤、凹坑及压痕等缺陷。 （4）压后对边距最大值不应超过尺寸推荐值。 （5）压后弯曲度不能大于1.6%，否则应校直，校直后的耐张管不得有裂纹。 （6）握着强度不小于设计使用拉断力的95%。 （7）割线印记准确，断口整齐，不得伤及钢芯及不需切割的铝股。 （8）将压接管及导线表面清洗干净，导线表面用细钢丝刷清刷表面氧化膜，均匀涂抹一层电力复合脂，保留电力复合脂进行压接。 （9）施压时，液压机两侧管、线要抬平扶正，保证压接管的平、正，压后耐张管棱角顺直。有明显弯曲时应校直，校直后的压接管如有裂纹应切断重接。 （10）钢管压接后清理压接飞边和毛刺，凡锌皮脱落者，不论是否裸露于外，都涂以富锌漆；对清除钢芯上防腐剂的钢管，压后应将管口及裸露于铝线外的钢芯上都涂以富锌漆，以防生锈。铝管压后的飞边、毛刺应锉平，并用0号砂纸磨光。用精度不低于0.02mm并检定合格的游标卡尺测量压后尺寸。 （11）压接完成检查合格后，打上操作者的钢印	同工艺标准	（1）安装所需工器具专业资质机构查验合格，在有效期内。 （2）专业安装人员持各专业资格证，且在有效期内。 （3）防止人身触电：检查电源箱的漏电开关是否失灵，破损的电源线禁止使用，由电工操作电源箱。 （4）机械伤害：挂设机械操作规程并严格执行，设专职的机械操作人员
2	导线接续管压接	1. 施工准备 2. 割线 3. 导、地线压接 4. 光缆熔接 5. 测量	（1）接续管的型号应符合图纸要求。 （2）导线的连接部分不得有线股绞制不良、断股、缺股等缺陷；压接后管口附近不得有明显的松股现象。 （3）铝件的电气接触面应平整、光洁，不允许有毛刺或超过板厚极限偏差的碰伤、划伤、凹坑及压痕等缺陷。 （4）压后对边距最大值不应超过推荐值尺寸。	同工艺标准	（1）安装所需工器具专业资质机构查验合格，在有效期内。 （2）专业安装人员持各专业资格证，且在有效期内。 （3）防止人身触电：检查电源箱的漏电开关是否失灵，破损的电源线禁止使用，由电工操作电源箱。 （4）机械伤害：挂设机械操作规程并严格执行，设专职的机械操作人员

续表

编号	工艺名称	工艺流程	工艺标准及施工要点	验收标准	安全要点
2	导线接续管压接		（5）压后弯曲度不能大于1.6%，否则应校直，校直后的接续管不得有裂纹。 （6）握着强度不小于设计使用拉断力的95%。 （7）割线印记准确，断口整齐，不得伤及钢芯及不需切割的铝股。 （8）当使用对穿管时，应在线上画出1/2管长的印记，穿管后确保印记与管口吻合。 （9）将接续管及导线表面清洗干净，导线表面用细钢丝刷清刷表面氧化膜，均匀涂抹一层电力复合脂，保留电力复合脂进行压接。 （10）施压时，液压机两侧管、线要抬平扶正，保证接续管的平、正，压后接续管棱角顺直。有明显弯曲时应校直，校直后的压接管如有裂纹应切断重接。 （11）钢管压接后清理压接飞边和毛刺，凡锌皮脱落者，不论是否裸露于外，都涂以富锌漆；对清除钢芯上防腐剂的钢管，压后应将管口及裸露于铝线外的钢芯上都涂以富锌漆，以防生锈。铝管压后的飞边、毛刺应锉平并用0号砂纸磨光。用精度不低于0.02mm并检定合格的游标卡尺测量压后尺寸。 （12）压接完成检查合格后，打上操作者的钢印		
3	导线补修		（1）补修管或预绞丝型号应符合图纸要求。 （2）根据导线的损伤程度，按规程选用补修管或预绞丝。 （3）补修管不允许有毛刺或硬伤等缺陷，其长度应能包裹导线损伤的面积。 （4）补修管压后应平直、光滑。 （5）预绞丝的长度应能包裹导线损伤的面积，缠绕长度最短不应小于3个节距。 （6）补修管必须能全部包裹损伤区，并使损伤区位于管中心位置。 （7）补修管压后的飞边、毛刺应锉平，并用0号砂纸磨光。 （8）预绞丝缠绕要保证两端整齐，缠绕时保持原预绞形状	同工艺标准	（1）安装所需工器具专业资质机构查验合格，在有效期内。 （2）专业安装人员持各专业资格证，且在有效期内。 （3）防止人身触电：检查电源箱的漏电开关是否失灵，破损的电源线禁止使用，由电工操作电源箱。 （4）机械伤害：挂设机械操作规程并严格执行，设专职的机械操作人员

续表

编号	工艺名称	工艺流程	工艺标准及施工要点	验收标准	安全要点
4	地线耐张管压接		（1）地线耐张管型号应符合设计要求。 （2）地线的连接部分不得有线股绞制不良、断股、缺股等缺陷，连接后管口附近不得有明显的松股现象。 （3）热镀锌钢件，镀锌完好不得有掉锌皮现象。 （4）耐张管压后应平直光滑。压后对边距最大值不应超过推荐值尺寸。压后弯曲度不能大于1.6%，否则应校直，校直后的耐张管不得有裂纹。 （5）握着强度不小于设计使用拉断力的95%。 （6）割线印记准确，断口整齐。 （7）压接管清洗干净。 （8）施压时，液压机两侧管、线要顺直，压后接续管棱角顺直。有明显弯曲时应校直，校直后的压接管如有裂纹应切断重接。 （9）钢管压接后清理压接飞边和毛刺，凡锌皮脱落者，不论是否裸露于外，都涂以富锌漆；对清除钢芯上防腐剂的钢管，压后应将管口及裸露于铝线外的钢芯上都涂以富锌漆，以防生锈。用精度不低于0.02mm并检定合格的游标卡尺测量压后尺寸。 （10）压接完成检查合格后，打上操作者的钢印	同工艺标准	（1）安装所需工器具专业资质机构查验合格，在有效期内。 （2）专业安装人员持各专业资格证，且在有效期内。 （3）防止人身触电：检查电源箱的漏电开关是否失灵，破损的电源线禁止使用，由电工操作电源箱。 （4）机械伤害：挂设机械操作规程并严格执行，设专职的机械操作人员
5	地线接续管压接		（1）地线接续管型号应符合设计要求。 （2）地线的连接部分不得有线股绞制不良、断股、缺股等缺陷，连接后管口附近不得有明显的松股现象。 （3）热镀锌钢件，镀锌完好不得有掉锌皮现象。 （4）接续管压后应平直光滑，压后对边距最大值不应超过推荐值尺寸。压后弯曲度不能大于1.6%，否则应校直，校直后的接续管不得有裂纹。 （5）握着强度不小于设计使用拉断力的95%。 （6）割线印记准确，断口整齐。 （7）当使用对穿管时，应在线上画出1/2管长的印记，穿管后确保印记与管口吻合。 （8）压接管清洗干净。	同工艺标准	（1）安装所需工器具专业资质机构查验合格，在有效期内。 （2）专业安装人员持各专业资格证，且在有效期内。 （3）防止人身触电：检查电源箱的漏电开关是否失灵，破损的电源线禁止使用，由电工操作电源箱。 （4）机械伤害：挂设机械操作规程并严格执行，设专职的机械操作人员

续表

编号	工艺名称	工艺流程	工艺标准及施工要点	验收标准	安全要点
5	地线接续管压接		（9）施压时，液压机两侧管、线要抬平扶正，压后接续管棱角顺直。有明显弯曲时应校直，校直后的压接管如有裂纹应切断重接。 （10）钢管压接后清理压接飞边和毛刺，凡锌皮脱落者，不论是否裸露于外，都涂以富锌漆；对清除钢芯上防腐剂的钢管，压后应将管口及裸露于铝线外的钢芯上都涂以富锌漆，以防生锈。用精度不低于 0.02mm 并检定合格的游标卡尺测量压后尺寸。 （11）压接完成检查合格后，打上操作者的钢印		
6	单联导线耐张绝缘子串安装		（1）绝缘子表面完好干净。在安装好弹簧销子的情况下，球头不得自碗头中脱出。绝缘子串与端部附件不应有明显的歪斜。 （2）绝缘子串上的各种螺栓、穿钉及弹簧销子，除有固定的穿向外，其余穿向应统一。 （3）球头和碗头连接的绝缘子应有可靠的锁紧装置。 （4）对绝缘子串应逐个进行检查，绝缘子表面要擦洗干净，避免损伤。 （5）金具串连接要注意检查碗口球头与弹簧销子是否匹配。 （6）各种螺栓、销钉穿向符合要求，金具上所用闭口销的直径必须与孔径相匹配，且弹力适度。 （7）锁紧销的装配应使用专用工具，以免损坏金属附件的镀锌层	同工艺标准	（1）安装所需工器具专业资质机构查验合格，在有效期内。 （2）专业安装人员持各专业资格证，且在有效期内。 （3）防止人身触电：检查电源箱的漏电开关是否失灵，破损的电源线禁止使用，由电工操作电源箱。 （4）机械伤害：挂设机械操作规程并严格执行，设专职的机械操作人员
7	绝缘型地线悬垂金具安装		（1）应使用双联绝缘子串。 （2）绝缘子串表面完好干净，避免损伤。 （3）绝缘子串上的各种螺栓、穿钉及弹簧销子，除有固定的穿向外，其余穿向应统一。 （4）各种类型的铝质绞线，安装线夹时应按设计规定在铝股外缠绕铝包带或预绞丝护线条。 （5）悬垂线夹安装后，绝缘子串应垂直于地平面。连续上、下山坡处杆塔上的悬垂线夹的安装位置应符合规定。 （6）绝缘子放电间隙的安装距离允许偏差应小于或等于±2mm。放电间隙安装方向，宜远离塔身。 （7）核查所画印记在放线滑车中心，并保证绝缘子串垂直地平面。	同工艺标准	（1）安装所需工器具专业资质机构查验合格，在有效期内。 （2）专业安装人员持各专业资格证，且在有效期内。 （3）防止人身触电：检查电源箱的漏电开关是否失灵，破损的电源线禁止使用，由电工操作电源箱。 （4）机械伤害：挂设机械操作规程并严格执行，设专职的机械操作人员。

续表

编号	工艺名称	工艺流程	工艺标准及施工要点	验收标准	安全要点
7	绝缘型地线悬垂金具安装		（8）绝缘子表面应擦洗干净，避免损伤，并注意调整好放电间隙。 （9）需缠绕铝包带、预绞丝护线条时，缠绕的铝包带、预绞丝护线条的中心与印记重合，以保证线夹位置准确。铝包带顺外层线股绞制方向缠绕，缠绕紧密，露出线夹在10mm，端头应压在线夹内。预绞丝护线条两端整齐。 （10）线夹螺栓安装后两边露扣应一致，并达到扭矩要求。 （11）各种螺栓、销钉穿向符合要求，金具上所用闭口销的直径必须与孔径相匹配，且弹力适度。 （12）安装附件所用工器具应采取防损伤地线的措施。 （13）附件安装及地线弧垂调整后，如绝缘子串倾斜超差应及时进行调整		（5）防止高处落物：工人进入施工现场按要求戴好安全帽，向上传递物品时严禁上抛，需用工具袋传递。 （6）吊装、高处坠落：使用合格的吊具，吊装下方不得站人，作业人员应听从统一指挥，身体不能在夹缝内，作业人员应使用安全带
8	接地型地线悬垂金具安装		（1）地线悬垂串上的各种螺栓、穿钉及弹簧销子，除有固定的穿向外，其余穿向应统一。 （2）各种类型的铝质绞线，安装线夹时应按设计规定在铝股外缠绕铝包带或预绞丝护线条。 （3）悬垂线夹安装后，悬垂串应垂直地平面。 （4）接地引线全线安装位置要统一，接地引线应顺畅、美观。 （5）核查所画印记在放线滑车中心，并保证金具串垂直地平面。 （6）需缠绕铝包带、预绞丝护线条时，铝包带、预绞丝护线条中心与印记重合，以保证线夹位置准确。铝包带顺外层线股绞制方向缠绕，缠绕紧密，露出线夹小于或等于10mm，端头应压在线夹内。如用护线条，两端应整齐。 （7）线夹螺栓安装后两边露扣应一致，并达到扭矩要求。 （8）各种螺栓、销钉穿向符合要求，金具上所用闭口销的直径必须与孔径相匹配，且弹力适度。 （9）安装附件所用工器具应采取防损伤地线的措施。 （10）附件安装及地线弧垂调整后，如金具串倾斜超差应及时进行调整。 （11）接地线应自然、顺畅、美观，并沟线夹方向不得偏扭，或垂直或水平，螺栓紧固应达到扭矩要求	同工艺标准	（1）安装所需工器具专业资质机构查验合格，在有效期内。 （2）专业安装人员持各专业资格证，且在有效期内。 （3）防止人身触电：检查电源箱的漏电开关是否失灵，破损的电源线禁止使用，由电工操作电源箱。 （4）机械伤害：挂设机械操作规程并严格执行，设专职的机械操作人员。 （5）防止高处落物：工人进入施工现场按要求戴好安全帽，向上传递物品时严禁上抛，需用工具袋传递。 （6）吊装、高处坠落：使用合格的吊具，吊装下方不得站人，作业人员应听从统一指挥，身体不能在夹缝内，作业人员应使用安全带

续表

编号	工艺名称	工艺流程	工艺标准及施工要点	验收标准	安全要点
9	绝缘型地线耐张金具安装		（1）绝缘子串表面完好干净。 （2）绝缘子串的各种金具上的螺栓、穿钉及弹簧销子，除有固定的穿向外，其余穿向应统一。 （3）绝缘架空地线放电间隙的安装距离允许偏差应小于或等于±2mm。 （4）放电间隙安装方向朝上。 （5）绝缘子表面应擦洗干净，避免损伤，并注意调整好放电间隙。 （6）各种螺栓、销钉穿向符合要求，金具上所用闭口销的直径必须与孔径相匹配，且弹力适度	同工艺标准	（1）安装所需工器具专业资质机构查验合格，在有效期内。 （2）专业安装人员持各专业资格证，且在有效期内。 （3）防止人身触电：检查电源箱的漏电开关是否失灵，破损的电源线禁止使用，由电工操作电源箱。 （4）机械伤害：挂设机械操作规程并严格执行，设专职的机械操作人员。 （5）防止高处落物：工人进入施工现场按要求戴好安全帽，向上传递物品时严禁上抛，需用工具袋传递。 （6）吊装、高处坠落：使用合格的吊具，吊装下方不得站人，作业人员应听从统一指挥，身体不能在夹缝内，作业人员应使用安全带
10	接地型地线耐张金具安装		（1）地线金具串上的各种螺栓和穿钉，除有固定的穿向外，其余穿向应统一。 （2）接地引线全线安装位置要统一，接地引线应顺畅、美观。 （3）各种螺栓、销钉穿向符合要求，金具上所用闭口销的直径必须与孔径相匹配，且弹力适度	同工艺标准	（1）安装所需工器具专业资质机构查验合格，在有效期内。 （2）专业安装人员持各专业资格证，且在有效期内。 （3）防止人身触电：检查电源箱的漏电开关是否失灵，破损的电源线禁止使用，由电工操作电源箱。 （4）机械伤害：挂设机械操作规程并严格执行，设专职的机械操作人员。 （5）防止高处落物：工人进入施工现场按要求戴好安全帽，向上传递物品时严禁上抛，需用工具袋传递。 （6）吊装、高处坠落：使用合格的吊具，吊装下方不得站人，作业人员应听从统一指挥，身体不能在夹缝内，作业人员应使用安全带

续表

编号	工艺名称	工艺流程	工艺标准及施工要点	验收标准	安全要点
11	软引流线制作		（1）柔性引流线应呈近似悬链线状自然下垂。 （2）引流线不宜从均压环内穿过，并避免与其他部件相摩擦。 （3）铝制引流连板的连接面应平整、光洁，并沟线夹的接触面应光滑。 （4）引流线间隔棒（结构面）应垂直于引流线束。 （5）引流线安装后，检查引流线弧垂及引流线与塔身的最小间隙，应符合要求。 （6）如采用引流线专用的悬垂线夹，其结构面应垂直于引流线束。 （7）制作引流线的导线应未经过牵引。 （8）安装引流线线夹和间隔棒应从中间向两端安装，导线应自然顺畅，分裂导线间距保持一致。 （9）引流线的走向应自然、顺畅、美观，呈近似悬链状自然下垂。引流线如与均压环等金具可能发生摩擦碰撞，应加装小间隔棒固定。 （10）耐张线夹引流连板的光洁面必须与引流线夹连板的光洁面接触，接触面要清洗干净，均匀涂抹一层电力复合脂。螺栓穿向应符合要求，紧固应达到扭矩要求。 （11）引流线安装完毕后应检查电气间隙是否符合设计要求。 （12）引流线引流板的朝向应满足使导线的盘曲方向与安装后的引流线弯曲方向一致	同工艺标准	（1）安装所需工器具专业资质机构查验合格，在有效期内。 （2）专业安装人员持各专业资格证，且在有效期内。 （3）防止人身触电：检查电源箱的漏电开关是否失灵，破损的电源线禁止使用，由电工操作电源箱。 （4）机械伤害：挂设机械操作规程并严格执行，设专职的机械操作人员。 （5）防止高处落物：工人进入施工现场按要求戴好安全帽，向上传递物品时严禁上抛，需用工具袋传递。 （6）吊装、高处坠落：使用合格的吊具，吊装下方不得站人，作业人员应听从统一指挥，身体不能在夹缝内，作业人员应使用安全带
12	导线防振锤安装		（1）防振锤安装距离要符合设计要求。 （2）导线防振锤应与地平面垂直，其安装距离允许偏差小于或等于±24mm。 （3）安装防振锤时需加装铝包带。 （4）防振锤分大小头时，大小头及螺栓的穿向应符合图纸要求。 （5）防振锤要无锈蚀、无污物，锤头与挂板应成一平面。 （6）防振锤在线上应自然下垂，锤头与导线应平行，并与地面垂直。	同工艺标准	（1）安装所需工器具专业资质机构查验合格，在有效期内。 （2）专业安装人员持各专业资格证，且在有效期内。 （3）防止人身触电：检查电源箱的漏电开关是否失灵，破损的电源线禁止使用，由电工操作电源箱。 （4）机械伤害：挂设机械操作规程并严格执行，设专职的机械操作人员。

续表

编号	工艺名称	工艺流程	工艺标准及施工要点	验收标准	安全要点
12	导线防振锤安装		（7）铝包带顺外层线股绞制方向缠绕，缠绕紧密，露出线夹小于或等于 10mm，端头应压在线夹内。 （8）安装距离应符合设计规定，螺栓紧固力应达到扭矩要求。 （9）防振锤分大小头时，朝向和螺栓穿向应按要求统一		（5）防止高空落物：工人进入施工现场按要求戴好安全帽，向上传递物品时严禁上抛，需用工具袋传递。 （6）吊装、高处坠落：使用合格的吊具，吊装下方不得站人，作业人员应听从统一指挥，身体不能在夹缝内，作业人员应使用安全带
13	地线防振锤安装		（1）防振锤安装距离要符合设计要求。 （2）地线防振锤应与地平面垂直，其安装距离允许偏差小于或等于±24mm。 （3）防振锤分大小头时，大小头及螺栓的穿向应符合图纸要求。 （4）防振锤要无锈蚀、无污物，锤头与挂板应成一平面。 （5）防振锤在线上应自然下垂，锤头与线应平行，并与地面垂直。 （6）需缠绕铝包带时，铝包带顺外层线股绞制方向缠绕，缠绕紧密，露出线夹小于或等于 10mm，端头应压在线夹内。 （7）安装距离应符合设计规定，螺栓紧固力应达到扭矩要求。 （8）防振锤分大小头时，朝向和螺栓穿向应按要求统一	同工艺标准	（1）安装所需工器具专业资质机构查验合格，在有效期内。 （2）专业安装人员持各专业资格证，且在有效期内。 （3）防止人身触电：检查电源箱的漏电开关是否失灵，破损的电源线禁止使用，由电工操作电源箱。 （4）机械伤害：挂设机械操作规程并严格执行，设专职的机械操作人员。 （5）防止高处落物：工人进入施工现场按要求戴好安全帽，向上传递物品时严禁上抛，需用工具袋传递。 （6）吊装、高处坠落：使用合格的吊具，吊装下方不得站人，作业人员应听从统一指挥，身体不能在夹缝内，作业人员应使用安全带
14	接地引下线安装		（1）接地引下线材料、规格及连接方式要符合规定，要进行热镀锌处理。 （2）接地引下线连板与杆塔的连接应接触良好，接地引下线应平敷于基础及保护帽表面。 （3）接地引下线引出方位与杆塔接地孔位置相对应。接地引下线应平直、美观。 （4）接地引下线与杆塔的连接应便于断开测量接地电阻。接地螺栓宜采用可拆卸的防盗螺栓。 （5）铁塔审图时注意接地孔位置，确保接地引下线安装顺利。	同工艺标准	（1）安装所需工器具专业资质机构查验合格，在有效期内。 （2）专业安装人员持各专业资格证，且在有效期内。 （3）防止人身触电：检查电源箱的漏电开关是否失灵，破损的电源线禁止使用，由电工操作电源箱。 （4）机械伤害：挂设机械操作规程并严格执行，设专职的机械操作人员。

续表

编号	工艺名称	工艺流程	工艺标准及施工要点	验收标准	安全要点
14	接地引下线安装		（6）接地引下线的规格、焊接长度应符合设计要求。 （7）铁塔接地引下线要紧贴塔材和基础及保护帽表面引下，引下线煨弯宜采用煨弯工具。应避免在煨弯过程中引下线与基础及保护帽磕碰造成边角破损影响美观。 （8）接地板与塔材应接触紧密。 （9）使用的连接螺栓长度应合适		（5）防止高处落物：工人进入施工现场按要求戴好安全帽，向上传递物品时严禁上抛，需用工具袋传递。 （6）吊装、高处坠落：使用合格的吊具，吊装下方不得站人，作业人员应听从统一指挥，身体不能在夹缝内，作业人员应使用安全带
15	接地体制作		（1）接地体连接前应清除连接部位的浮锈，接地体间连接必须可靠。 （2）水平接地体敷设宜满足下列规定： 1）遇倾斜地形宜等高线敷设。 2）两接地体间的平行距离不应小于5m。 3）接地体铺设应平直。 4）对无法满足上述要求的特殊地形，应与设计协商解决。 （3）垂直接地体打入深度应满足要求，应垂直打入，并防止晃动。 （4）接地体焊接部分应进行防腐处理。 （5）接地体的规格、埋深不应小于设计规定。 （6）接地体应采用搭接施焊，圆钢搭接长度应不小于直径的6倍并双面施焊，扁钢搭接长度应不小于宽度的2倍并四面施焊。焊缝要平滑饱满。 （7）圆钢采用液压连接时，其接续管的型号与规格应与所压圆钢匹配。接续管的壁厚不得小于3mm；长度不得小于搭接时圆钢直径的10倍，以及对接时圆钢直径的20倍	同工艺标准	（1）安装所需工器具专业资质机构查验合格，在有效期内。 （2）专业安装人员持各专业资格证，且在有效期内。 （3）防止人身触电：检查电源箱的漏电开关是否失灵，破损的电源线禁止使用，由电工操作电源箱。 （4）机械伤害：挂设机械操作规程并严格执行，设专职的机械操作人员。 （5）防止高处落物：工人进入施工现场按要求戴好安全帽，向上传递物品时严禁上抛，需用工具袋传递
16	接地模块安装		（1）接地体及接地模块基坑开挖应选择在等高线上，避免在斜坡上，且相互间距不小于5m。 （2）接地模块的埋设深度必须符合设计要求，埋深应以接地模块顶面算起，基坑开挖深度应考虑坑底垫腐蚀土和接地模块厚度要求。	同工艺标准	（1）安装所需工器具专业资质机构查验合格，在有效期内。 （2）专业安装人员持各专业资格证，且在有效期内。 （3）防止人身触电：检查电源箱的漏电开关是否失灵，破损的电源线禁止使用，由电工操作电源箱。

续表

编号	工艺名称	工艺流程	工艺标准及施工要点	验收标准	安全要点
16	接地模块安装		（3）接地模块与接地射线的连接可采用焊接、熔粉放热连接、螺栓连接、并沟线夹连接和套管压接等多种方式连接。 （4）为了减少模块之间的屏蔽效应，模块定位必须准确，符合设计及厂家要求，相邻接地模块之间的间距不小于5m。 （5）接地焊接部分应进行防腐处理。 （6）接地模块基坑开挖，基坑深度应满足模块埋深要求，基坑宽度应考虑接地模块焊接和安装施工。 （7）接地框及射线安装连接应牢固，埋深符合要求。 （8）接地模块与接地框、接地线连接牢固，连接点应采取防腐措施。 （9）与接地线和接地模块接触的回填土应采用导电性良好的细碎土并压实		（4）机械伤害：挂设机械操作规程并严格执行，设专职的机械操作人员。 （5）防止高处落物：工人进入施工现场按要求戴好安全帽，向上传递物品时严禁上抛，需用工具袋传递
17	接地装置及接地线		（1）接地体（线）连接宜使用焊接，焊接应采用搭接焊，其搭接长度必须符合以下规定： 1）扁钢为其宽度的 2 倍，且至少3个棱边焊接。 2）圆钢为其直径的6倍。 3）圆钢扁钢焊接时，长度为圆钢直径的6倍。 （2）在防腐处理前，表面必须除锈并去掉焊接处残留的焊药。 （3）与道路或者管道交叉及其他可能使接地线遭受损伤处，均应用管子或者角钢加以保护。接地体敷设完后的土沟，其回填土内不应夹有石块和建筑垃圾。外取的土壤不得有较强的腐蚀性，回填土时应分层夯实。 （4）扁钢与钢管、扁钢与角钢焊接时，除了在其接触部位两侧进行焊接外，还应焊以由钢带弯曲成的弧形或直角形卡子或直接由钢带本身弯成弧形或直角形，再与钢管或角钢焊接。接地体引出线的垂直部分和接地装置焊接部分应做防腐处理。接地线在穿过墙壁、楼板和地坪处应加装钢管或其他坚固的保护套，有化学腐蚀的部位还应采取防腐措施	同工艺标准	（1）安装所需工器具专业资质机构查验合格，在有效期内。 （2）专业安装人员持各专业资格证，且在有效期内。 （3）防止人身触电：检查电源箱的漏电开关是否失灵，破损的电源线禁止使用，由电工操作电源箱。 （4）机械伤害：挂设机械操作规程并严格执行，设专职的机械操作人员。 （5）防止高处落物：工人进入施工现场按要求戴好安全帽，向上传递物品时严禁上抛，需用工具袋传递。 （6）吊装、高处坠落：使用合格的吊具，吊装下方不得站人，作业人员应听从统一指挥，身体不能在夹缝内，作业人员应使用安全带

续表

编号	工艺名称	工艺流程	工艺标准及施工要点	验收标准	安全要点
18	阶梯基础施工		（1）水泥：宜采用通用硅酸盐水泥，强度等级大于或等于 42.5。细骨料宜采用中粗砂，含泥量小于或等于 5%。特殊地区可按该地区标准执行。粗骨料采用碎石或卵石，含泥量小于或等于 2%。宜采用饮用水拌和，当无饮用水时，可采用清洁的河溪水或池塘水，不得使用海水。 （2）外加剂、掺合料：其品种及掺量应根据需要，通过试验确定。 （3）冬期施工的混凝土，应优先选用硅酸盐水泥或普通硅酸盐水泥。水泥强度等级不应低于 42.5，浇筑 C15 及以上强度等级混凝土时，最小水泥用量不宜少于 300kg/m^3。 （4）混凝土密实，表面平整、光滑，棱角分明，一次成型。 （5）基坑开挖根据地质条件确定放坡系数。地下水位较高时应采取有效的降水措施，基础浇筑时应保证无水施工。 （6）湿陷性黄土、泥水坑等情况应按设计要求进行地基处理，垫层强度符合要求后方可进行钢筋绑扎和模板支设。 （7）浇筑混凝土的模板表面应平整且接缝严密，混凝土浇筑前模板表面应涂脱模剂。 （8）钢筋绑扎牢固、均匀，在同一截面的焊接头错开布置，同截面焊接头数量不得超过 50%。 （9）钢筋保护层厚度符合设计要求。 （10）混凝土浇筑前钢筋、地脚螺栓表面应清理干净。 （11）现场浇筑混凝土应采用机械搅拌，并应采用机械捣固。 （12）冬期施工应采取防冻措施。 （13）基础混凝土应一次浇筑成型，内实外光，杜绝二次抹面。 （14）浇筑完成的基础应及时清除地脚螺栓上的残余水泥砂浆，并对基础及地脚螺栓进行保护	同工艺标准	（1）安装所需工器具专业资质机构查验合格，在有效期内。 （2）专业安装人员持各专业资格证，且在有效期内。 （3）防止人身触电：检查电源箱的漏电开关是否失灵，破损的电源线禁止使用，由电工操作电源箱。 （4）机械伤害：挂设机械操作规程并严格执行，设专职的机械操作人员。 （5）防止高处落物：工人进入施工现场按要求戴好安全帽，向上传递物品时严禁上抛，需用工具袋传递

续表

编号	工艺名称	工艺流程	工艺标准及施工要点	验收标准	安全要点
19	地脚螺栓式斜柱基础施工		（1）水泥：宜采用通用硅酸盐水泥，强度等级大于或等于 42.5。细骨料宜采用中粗砂，含泥量小于或等于 5%。粗骨料采用碎石或卵石，含泥量小于或等于 2%。宜采用饮用水拌和，当无饮用水时，可采用清洁的河溪水或池塘水，不得使用海水。 （2）外加剂、掺合料：其品种及掺量应根据需要，通过试验确定。 （3）冬期施工的混凝土，应优先选用硅酸盐水泥或普通硅酸盐水泥。水泥强度等级不应低于 42.5，浇筑 C15 及以上强度等级混凝土时，最小水泥用量不宜少于 300kg/m^3。 （4）地脚螺栓及钢筋规格、数量应符合设计要求且制作工艺良好。 （5）混凝土密实，表面平整、光滑，棱角分明，一次成型。 （6）基坑开挖根据地质条件确定放坡系数。地下水位较高时应采取有效的降水措施，基础浇筑时应保证无水施工。 （7）湿陷性黄土、泥水坑等情况应按设计要求进行垫层处理。垫层强度符合要求后方可进行钢筋绑扎和模板支设。 （8）浇筑混凝土的模板表面应平整且接缝严密，模板顶面中心与坑底中心必须定位准确，模板支撑牢固，混凝土浇筑前模板表面应涂脱模剂。 （9）钢筋绑扎牢固、均匀，在同一截面的焊接头错开布置，同截面焊接头数量不得超过 50%。 （10）钢筋保护层厚度符合设计要求。 （11）混凝土浇筑前，钢筋、地脚螺栓表面应清理干净，且外露部分保持竖直，浇筑部分方向与斜柱方向保持一致，复核地脚螺栓的间距、基础根开、立柱标长正确。 （12）冬期施工应采取防冻措施。 （13）基础混凝土应一次浇筑成型，内实外光，杜绝二次抹面。 （14）浇筑完成的基础应及时清除地脚螺栓上的残余水泥砂浆，并对基础及地脚螺栓进行保护	同工艺标准	（1）安装所需工器具专业资质机构查验合格，在有效期内。 （2）专业安装人员持各专业资格证，且在有效期内。 （3）防止人身触电：检查电源箱的漏电开关是否失灵，破损的电源线禁止使用，由电工操作电源箱。 （4）机械伤害：挂设机械操作规程并严格执行，设专职的机械操作人员。 （5）防止高处落物：工人进入施工现场按要求戴好安全帽，向上传递物品时严禁上抛，需用工具袋传递

续表

编号	工艺名称	工艺流程	工艺标准及施工要点	验收标准	安全要点
20	保护帽浇筑	1．施工准备 2．清理预留螺栓孔洞 3．混凝土二次浇筑 4．外露螺栓需做混凝土保护帽 5．保护帽模板安装 6．浇筑混凝土 7．顶部压光 8．拆模 9．质量验收	（1）水泥：宜采用通用硅酸盐水泥，强度等级大于或等于42.5。砂石：砂宜采用中粗砂，含泥量小于或等于5%；粗骨料采用碎石或卵石，含泥量小于或等于2%。宜采用饮用水拌和，当无饮用水时，可采用清洁的河溪水或池塘水，不得使用海水。 （2）保护帽混凝土抗压强度满足设计要求。 （3）保护帽宽度宜不小于距塔脚板每侧50mm。高度应以超过地脚螺栓50－100mm为宜并不小于300mm，主材与靴板之间的缝隙应采取密封（防水）措施。 （4）保护帽顶面应留有排水坡度，顶面不得积水。 （5）保护帽宜采用专用模板现场浇筑，严禁采用砂浆或其他方式制作。 （6）保护帽顶面应适度放坡，混凝土初凝前进行压实收光，确保顶面平整光洁。 （7）保护帽拆模时应保证其表面及棱角不损坏，塔及基础顶面的混凝土浆要及时清理干净。 （8）保护帽应按要求进行养护。 （9）混凝土应一次浇筑成型，杜绝二次抹面	（1）根据构支架的直径设置专门钢模板，建议采用方体形或圆台形保护帽。 （2）浇筑混凝土前检查构支架接地或电缆保护管是否做好。浇筑混凝土时采用短钢筋进行分层灌入，分层振捣，每次浇筑厚度不得超过200mm；混凝土浇筑至顶部时要留有一定坡度，以便排水，再进行收光，浇制时检查模板是否有偏移，即保证构支架在棱形模板中心，根据情况加设倒角木线。 （3）拆除模板后注意不要碰及棱角，若有气孔等现象要进行抹光。 （4）混凝土浇筑完后及时将构支架表面的泥浆清除	（1）安装所需工器具专业资质机构查验合格，在有效期内。 （2）专业安装人员持各专业资格证，且在有效期内。 （3）防止人身触电：检查电源箱的漏电开关是否失灵，破损的电源线禁止使用，由电工操作电源箱。 （4）机械伤害：挂设机械操作规程并严格执行，设专职的机械操作人员。 （5）防止高处落物：工人进入施工现场按要求戴好安全帽，向上传递物品时严禁上抛，需用工具袋传递
21	角钢铁塔分解组立		（1）塔材无弯曲、脱锌、变形、错孔、磨损。 （2）螺栓的螺纹不应进入剪切面。 （3）螺栓应逐个紧固，扭力矩符合规范要求，且紧固力矩的上限不宜超过规定值的20%。 （4）自立式转角塔、终端塔应组立在斜平面的基础上，向受力反方向预倾斜，预倾斜符合规定。 （5）铁塔组立后，各相邻节点间主材弯曲度不得超过1/800。 （6）每毫米均设置接地孔，接地孔位置应保证接地引下线联板顺利安装。 （7）螺栓穿向应一致美观。螺母拧紧后，螺杆露出螺母的长度应符合：对单螺母，不应小于两个螺距；对双螺母，可与螺母相平。螺栓露扣长度不应超过20mm或10个螺距。	同工艺标准	（1）安装所需工器具专业资质机构查验合格，在有效期内。 （2）专业安装人员持各专业资格证，且在有效期内。 （3）防止人身触电：检查电源箱的漏电开关是否失灵，破损的电源线禁止使用，由电工操作电源箱。 （4）机械伤害：挂设机械操作规程并严格执行，设专职的机械操作人员。 （5）防止高处落物：工人进入施工现场按要求戴好安全帽，向上传递物品时严禁上抛，需用工具袋传递。

续表

编号	工艺名称	工艺流程	工艺标准及施工要点	验收标准	安全要点
21	角钢铁塔分解组立		（8）杆塔脚钉安装应齐全，脚蹬侧不得露丝，弯钩朝向应一致向上。 （9）防盗螺栓安装到位，扣紧螺母安装齐全，防盗螺栓安装高度符合设计要求。 （10）直线塔结构倾斜率，对一般塔不大于 0.24%，对高塔不大于 0.12%。耐张塔架线后不向受力侧倾斜。 （11）基础混凝土强度达到设计要求的 70%，方能进行分解组塔。 （12）角钢铁塔分解组立可采用座地抱杆、悬浮抱杆等工器具，宜采用专用夹具安装抱杆承托绳、腰箍拉线等。 （13）铁塔组立应有防止塔材变形、磨损的措施，临时接地应连接可靠，每段安装完毕铁塔辅材、螺栓应装齐，严禁强行组装。 （14）抱杆每次提升前，须将已组立塔段的横隔材装齐，悬浮抱杆腰箍不得少于 2 道。 （15）吊片就位应先低后高，严禁强拉就位。 （16）塔身分片吊装，吊点应选在两侧主材节点处，距塔片上段距离不大于该片高度的 1/3，对于吊点位置根开较大、辅材较弱的吊片应采取补强措施。 （17）铁塔组立后，塔脚板应与基础面接触良好。铁塔经检查合格后，可随即浇筑混凝土保护帽		（6）吊装、高处坠落：使用合格的吊具，吊装下方不得站人，作业人员应听从统一指挥，身体不能在夹缝内，作业人员应使用安全带
22	钢管杆整体组立	1．施工准备 2．吊车就位 3．地面组装 4．构件吊装 5．杆塔检修	（1）塔材无弯曲、脱锌、变形、错孔、磨损。 （2）螺栓的螺纹不应进入剪切面。 （3）螺栓应逐个紧固，扭力矩符合规范要求，且紧固力矩的上限不宜超过规定值的 20%。 （4）自立式转角杆、终端杆应组立在倾斜平面的基础上，向受力反方向预倾斜，预倾斜符合规定。 （5）钢管杆组立后，其分段及整塔的弯曲均不应超过其对应长度的 1/500。 （6）底部设置接地孔，接地孔位置应保证接地引下线联板顺利安装。	同工艺标准	（1）安装所需工器具专业资质机构查验合格，在有效期内。 （2）专业安装人员持各专业资格证，且在有效期内。 （3）防止人身触电：检查电源箱的漏电开关是否失灵，破损的电源线禁止使用，由电工操作电源箱。 （4）机械伤害：挂设机械操作规程并严格执行，设专职的机械操作人员。 （5）防止高处落物：工人进入施工现场按要求戴好安全帽，向上传递物品时严禁上抛，需用工具袋传递。

续表

编号	工艺名称	工艺流程	工艺标准及施工要点	验收标准	安全要点
22	钢管杆整体组立		（7）法兰盘应平整、贴合密实，接触面贴合率不小于75%，最大间隙不大于1.6mm。 （8）螺栓穿向应一致美观。螺母拧紧后，螺杆露出螺母的长度应符合：对单螺母，不应小于两个螺距；对双螺母，可与螺母相平。螺栓露扣长度不应超过20mm或10个螺距。 （9）杆塔爬梯安装齐全、方向竖直，脚钉弯钩朝向一致向上，螺栓穿向符合要求。 （10）防盗螺栓安装到位，扣紧螺母安装齐全，防盗螺栓安装高度符合设计要求。 （11）直线杆塔结构倾斜率不大于0.24%，耐张杆塔架线后不向受力侧倾。 （12）基础强度达到设计要求的100%方能进行铁塔整体组立。 （13）组立可采用吊车吊装、倒落式人字抱杆扳立等方法施工。 （14）塔材按照设计图纸组装，螺栓等级应符合设计要求，同处螺栓使用应统一，长短一致，出扣、穿向应符合规范要求，严禁强行安装。 （15）地面组装后，螺栓应复紧一遍，扭矩满足设计要求，有防盗要求的则做防盗处理。 （16）起吊前，必须认真检查各部位工器具连接情况，吊点位置是否准确，各部位绳索是否互相缠绕挤压影响组立。并在吊点处采取措施保护塔材锌层。 （17）杆塔组立后，塔脚板应与基础面接触良好。杆塔经检查合格后可随即浇筑混凝土保护帽。 （18）在施工过程中需加强对基础和塔材的成品保护		（6）吊装、高处坠落：使用合格的吊具，吊装下方不得站人，作业人员应听从统一指挥，身体不能在夹缝内，作业人员应使用安全带
23	OPGW悬垂串安装		（1）金具串上的各种螺栓、穿钉，除有固定的穿向外，其余穿向应统一。 （2）悬垂线夹安装后，应垂直于地平面。连续上、下山坡处杆塔上的悬垂线夹的安装位置应符合规定。 （3）接地引线全线安装位置要统一，接地引线应顺畅、美观。 （4）核查所画印记在放线滑车中心，并保证金具串垂直于地平面。	同工艺标准	（1）安装所需工器具专业资质机构查验合格，在有效期内。 （2）专业安装人员持各专业资格证，且在有效期内。 （3）防止人身触电：检查电源箱的漏电开关是否失灵，破损的电源线禁止使用，由电工操作电源箱。

续表

编号	工艺名称	工艺流程	工艺标准及施工要点	验收标准	安全要点
23	OPGW悬垂串安装		（5）护线条中心应与印记重合，护线条缠绕应保证两端整齐。 （6）金具上所用闭口销的直径必须与孔径相匹配，且弹力适度。 （7）附件安装及 OPGW 弧垂调整后，如金具串倾斜超差应及时进行调整		（4）机械伤害：挂设机械操作规程并严格执行，设专职的机械操作人员。 （5）防止高处落物：工人进入施工现场按要求戴好安全帽，向上传递物品时严禁上抛，需用工具袋传递。 （6）吊装、高处坠落：使用合格的吊具，吊装下方不得站人，作业人员应听从统一指挥，身体不能在夹缝内，作业人员应使用安全带
24	OPGW接头型耐张串安装		（1）采用预绞式耐张线夹。 （2）金具串上的各种螺栓、穿钉，除有固定的穿向外，其余穿向应统一。 （3）OPGW 接头引下线要自然、顺畅、美观。 （4）接地引线全线安装位置要统一，接地引线应自然、顺畅、美观。 （5）缠绕预绞丝时应保证两端整齐，并保持原预绞形状。 （6）金具上所用闭口销的直径必须与孔径相匹配，且弹力适度。 （7）OPGW 引线及接地线应自然引出，引线自然顺畅，接地并沟线夹方向不得偏扭，或垂直或水平，螺栓紧固应达到扭矩要求。 （8）OPGW 耐张预绞丝重复使用不得超过两次	同工艺标准	（1）安装所需工器具专业资质机构查验合格，在有效期内。 （2）专业安装人员持各专业资格证，且在有效期内。 （3）防止人身触电：检查电源箱的漏电开关是否失灵，破损的电源线禁止使用，由电工操作电源箱。 （4）机械伤害：挂设机械操作规程并严格执行，设专职的机械操作人员。 （5）防止高处落物：工人进入施工现场按要求戴好安全帽，向上传递物品时严禁上抛，需用工具袋传递。 （6）吊装、高处坠落：使用合格的吊具，吊装下方不得站人，作业人员应听从统一指挥，身体不能在夹缝内，作业人员应使用安全带
25	OPGW直通型耐张串安装		（1）采用预绞式耐张线夹。 （2）金具串上的各种螺栓、穿钉及弹簧销子，除有固定的穿向外，其余穿向应统一。 （3）OPGW 小弧垂应近似为悬链线状态，弧垂不宜太大。 （4）接地引线全线安装位置要统一，接地引线应自然、顺畅、美观。 （5）采用预绞式耐张线夹。 （6）金具串上的各种螺栓、穿钉及弹簧销子，除有固定的穿向外，其余穿向应统一。	同工艺标准	（1）安装所需工器具专业资质机构查验合格，在有效期内。 （2）专业安装人员持各专业资格证，且在有效期内。 （3）防止人身触电：检查电源箱的漏电开关是否失灵，破损的电源线禁止使用，由电工操作电源箱。

续表

编号	工艺名称	工艺流程	工艺标准及施工要点	验收标准	安全要点
25	OPGW直通型耐张串安装		（7）OPGW小弧垂应近似为悬链线状态，弧垂不宜太大。 （8）接地引线全线安装位置要统一，接地引线应自然、顺畅、美观		（4）机械伤害：挂设机械操作规程并严格执行，设专职的机械操作人员。 （5）防止高处落物：工人进入施工现场按要求戴好安全帽，向上传递物品时严禁上抛，需用工具袋传递。 （6）吊装、高处坠落：使用合格的吊具，吊装下方不得站人，作业人员应听从统一指挥，身体不能在夹缝内，作业人员应使用安全带
26	OPGW架构型耐张串安装		（1）绝缘子表面完好干净。 （2）采用预绞式耐张线夹。 （3）金具串上的各种螺栓、穿钉及弹簧销子，除有固定的穿向外，其余穿向应统一。 （4）放电间隙安装方向朝上。 （5）OPGW引下线要自然、顺畅、美观。 （6）缠绕预绞丝要保证端头整齐，并保持原预绞形状。 （7）各种螺栓、销钉穿向符合要求，金具上所用闭口销的直径必须与孔径相匹配，且弹力适度。 （8）绝缘型耐张串应调整好放电间隙，绝缘子表面应擦洗干净避免损伤。 （9）OPGW引线应自然、顺畅。 （10）OPGW耐张预绞丝重复使用不得超过两次	同工艺标准	（1）安装所需工器具专业资质机构查验合格，在有效期内。 （2）专业安装人员持各专业资格证，且在有效期内。 （3）防止人身触电：检查电源箱的漏电开关是否失灵，破损的电源线禁止使用，由电工操作电源箱。 （4）机械伤害：挂设机械操作规程并严格执行，设专职的机械操作人员。 （5）防止高处落物：工人进入施工现场按要求戴好安全帽，向上传递物品时严禁上抛，需用工具袋传递。 （6）吊装、高处坠落：使用合格的吊具，吊装下方不得站人，作业人员应听从统一指挥，身体不能在夹缝内，作业人员应使用安全带
27	OPGW防振锤安装工程		（1）防振锤安装距离应符合设计要求。 （2）安装OPGW地线上的防振锤应与OPGW平行，并加装预绞丝，其安装距离允许偏差小于或等于±24mm。 （3）防振锤大小头及螺栓的穿向应符合图纸要求。 （4）防振锤要无锈蚀、无污物，锤头与挂板要成一平面。 （5）防振锤在线上要自然下垂，锤头与线要平行。	同工艺标准	（1）安装所需工器具专业资质机构查验合格，在有效期内。 （2）专业安装人员持各专业资格证，且在有效期内。 （3）防止人身触电：检查电源箱的漏电开关是否失灵，破损的电源线禁止使用，由电工操作电源箱。

续表

编号	工艺名称	工艺流程	工艺标准及施工要点	验收标准	安全要点
27	OPGW防振锤安装工程		（6）防振锤大小头设置要符合设计要求，螺栓紧固力要达到要求		（4）机械伤害：挂设机械操作规程并严格执行，设专职的机械操作人员。 （5）防止高处落物：工人进入施工现场按要求戴好安全帽，向上传递物品时严禁上抛，需用工具袋传递。 （6）吊装、高处坠落：使用合格的吊具，吊装下方不得站人，作业人员应听从统一指挥，身体不能在夹缝内，作业人员应使用安全带
28	铁塔OPGW引下线安装		（1）用夹具固定OPGW引下线，控制其走向，OPGW的弯曲半径应不小于40倍光缆直径。 （2）夹具安装在铁塔主材内侧引下线，间距为1.5～2m。 （3）安装时要保证OPGW顺直，耐张线夹OPGW引出端应自然、顺畅、美观。 （4）引下线夹要自上而下安装，安装距离在1.5～2m范围之内。线夹固定在突出部位，不得使余缆线与角铁发生摩擦碰撞。 （5）引线要自然顺畅，两固定线夹间的引线要拉紧	同工艺标准	（1）安装所需工器具专业资质机构查验合格，在有效期内。 （2）专业安装人员持各专业资格证，且在有效期内。 （3）防止人身触电：检查电源箱的漏电开关是否失灵，破损的电源线禁止使用，由电工操作电源箱。 （4）机械伤害：挂设机械操作规程并严格执行，设专职的机械操作人员。 （5）防止高处落物：工人进入施工现场按要求戴好安全帽，向上传递物品时严禁上抛，需用工具袋传递。 （6）吊装、高处坠落：使用合格的吊具，吊装下方不得站人，作业人员应听从统一指挥，身体不能在夹缝内，作业人员应使用安全带
29	架构OPGW引下线安装		（1）用夹具固定OPGW沿架构引下，控制其走向，OPGW的弯曲半径应不小于40倍光缆直径。 （2）夹具安装间距为1.5～2m。 （3）安装时要保证OPGW顺直，耐张线夹OPGW引出端应自然、顺畅、美观。 （4）采用绝缘夹具保证OPGW与架构绝缘。 （5）终端接续盒安装高度宜为1.5～2m。 （6）引线卡具型号要符合设计要求。	同工艺标准	（1）安装所需工器具专业资质机构查验合格，在有效期内。 （2）专业安装人员持各专业资格证，且在有效期内。 （3）防止人身触电：检查电源箱的漏电开关是否失灵，破损的电源线禁止使用，由电工操作电源箱。

续表

编号	工艺名称	工艺流程	工艺标准及施工要点	验收标准	安全要点
29	架构OPGW引下线安装		（7）引下线固定线夹要自上而下安装，安装距离在1.5～2m范围之内。 （8）引线应自然顺畅，两线夹间的引线要拉紧。 （9）OPGW余缆线与接线盒以下的进场光缆（沟道缆）同一余缆架安装固定		（4）机械伤害：挂设机械操作规程并严格执行，设专职的机械操作人员。 （5）防止高处落物：工人进入施工现场按要求戴好安全帽，向上传递物品时严禁上抛，需用工具袋传递。 （6）吊装、高处坠落：使用合格的吊具，吊装下方不得站人，作业人员应听从统一指挥，身体不能在夹缝内，作业人员应使用安全带
30	光纤熔接与布线	1．施工准备 2．割线 3．导、地线压接 4．光缆熔接 5．测量	（1）剥离光纤的外层套管、骨架时不得损伤光纤。 （2）接头盒内应无潮气并防水，安装时各紧固螺栓应拧紧，橡皮封条必须安装到位。 （3）光纤熔接后应进行接头光纤衰减值测试，不合格者应重接。 （4）雨天、大风、沙尘或空气湿度过大时不应熔接。 （5）熔纤盘内接续光纤单端盘留量不少于500mm，弯曲半径不小于30mm。 （6）光纤要对色熔接，排列整齐。光纤连接线用活扣扎带绑扎，松紧适度。 （7）接头盒内应采取防潮措施，防水密封良好	同工艺标准	（1）安装所需工器具专业资质机构查验合格，在有效期内。 （2）专业安装人员持各专业资格证，且在有效期内。 （3）防止人身触电：检查电源箱的漏电开关是否失灵，破损的电源线禁止使用，由电工操作电源箱。 （4）机械伤害：挂设机械操作规程并严格执行，设专职的机械操作人员。 （5）防止高处落物：工人进入施工现场按要求戴好安全帽，向上传递物品时严禁上抛，需用工具袋传递。 （6）吊装、高处坠落：使用合格的吊具，吊装下方不得站人，作业人员应听从统一指挥，身体不能在夹缝内，作业人员应使用安全带
31	接头盒安装		（1）OPGW接头盒安装在铁塔主材内侧，安装高度宜为8～10m，全线安装位置要统一。 （2）接头盒进出线要顺畅、圆滑，弯曲半径应不小于40倍光缆直径。 （3）安装位置应符合要求，固定螺栓要紧固。 （4）进出线应顺畅自然，弯曲半径符合要求	同工艺标准	（1）安装所需工器具专业资质机构查验合格，在有效期内。 （2）专业安装人员持各专业资格证，且在有效期内。 （3）防止人身触电：检查电源箱的漏电开关是否失灵，破损的电源线禁止使用，由电工操作电源箱。

续表

编号	工艺名称	工艺流程	工艺标准及施工要点	验收标准	安全要点
31	接头盒安装				（4）机械伤害：挂设机械操作规程并严格执行，设专职的机械操作人员。 （5）防止高空落物：工人进入施工现场按要求戴好安全帽，向上传递物品时严禁上抛，需用工具袋传递
32	余缆架安装		（1）余缆紧密缠绕在余缆架上。 （2）余缆架用专用夹具固定在铁塔内侧的适当位置。 （3）余缆要按线的自然弯盘入余缆架，将余缆固定在余缆架上，固定点不少于4处，余缆长度总量放至地面后应有不少于5m的裕度。 （4）在合适的位置将余缆架固定好，余缆架以外的引线用引下线夹固定好，不要产生风吹摆动现象	同工艺标准	（1）安装所需工器具专业资质机构查验合格，在有效期内。 （2）专业安装人员持各专业资格证，且在有效期内。 （3）防止人身触电：检查电源箱的漏电开关是否失灵，破损的电源线禁止使用，由电工操作电源箱。 （4）机械伤害：挂设机械操作规程并严格执行，设专职的机械操作人员。 （5）防止高处落物：工人进入施工现场按要求戴好安全帽，向上传递物品时严禁上抛，需用工具袋传递。 （6）吊装、高处坠落：使用合格的吊具，吊装下方不得站人，作业人员应听从统一指挥，身体不能在夹缝内，作业人员应使用安全带
33	ADSS弧垂控制		（1）ADSS最大弧垂必须满足光缆与其他建筑物、树木、通信线路最小垂直净距： 1）与街道垂直净距为平行时4.5m、交越时5.5m（最低缆线到地面）。 2）与公路垂直净距为平行时3.0m、交越时5.5m（最低缆线到地面）。 3）与土路垂直净距为平行时3.0m、交越时4.5m（最低缆线至地面）。 4）与河流垂直净距为交越时1.0m（最低缆线距最高水位时最高桅杆顶）。 5）与树木垂直净距为交越时1.5m（最低缆线到枝顶）。	同工艺标准	（1）安装所需工器具专业资质机构查验合格，在有效期内。 （2）专业安装人员持各专业资格证，且在有效期内。 （3）防止人身触电：检查电源箱的漏电开关是否失灵，破损的电源线禁止使用，由电工操作电源箱。 （4）机械伤害：挂设机械操作规程并严格执行，设专职的机械操作人员。 （5）防止高处落物：工人进入施工现场按要求戴好安全帽，向上传递物品时严禁上抛，需用工具袋传递。

续表

编号	工艺名称	工艺流程	工艺标准及施工要点	验收标准	安全要点
33	ADSS弧垂控制		6）与郊区垂直净距为交越时7.0m（最低缆线到地面）。 （2）光缆架线施工应采用张力放线。 （3）光缆的紧线过程类似电力线，用静端金具夹持光缆，缆牵引到位后，待应力传动、紧线张力平衡后，选择观察挡观察弧垂，弧度大小按照设计要求。 （4）紧线时不允许登塔，凡进入牵引机的光缆都应截去。 （5）光缆与带电体的距离应满足安全距离要求		（6）吊装、高处坠落：使用合格的吊具，吊装下方不得站人，作业人员应听从统一指挥，身体不能在夹缝内，作业人员应使用安全带
34	ADSS悬垂串安装		（1）悬垂串安装完毕后要垂直于地面，偏差小于5°。 （2）预绞丝的末端整齐，分布均匀，误差不大于8mm，同层预绞丝无重叠现象。 （3）预绞丝缠绕完毕后应整齐美观，无缝隙和压股现象。内层预绞丝末端的光缆无划伤现象。 （4）所有连接件的螺母都要拧紧，穿向要统一。 （5）内绞丝缠绕时徒手将所有子束的两端一次性全部缠绕完毕。不能使用任何工具，以免损坏或划伤光缆。 （6）各种螺栓、销钉穿向符合要求，金具上所用闭口销的直径必须与孔径相匹配，且弹力适度，开口销开口到位。 （7）附件安装及光缆弧垂调整后，如金具串倾斜超差应及时进行调整。 （8）悬垂金具挂好后要保证风偏时碰不到铁塔，若挂点处塔身较宽，应顺线路使用两套金具，确保光缆不与塔身摩擦。 （9）预绞丝缠绕时，应由中间向两端徒手缠绕，并将中心色标对齐	同工艺标准	（1）安装所需工器具专业资质机构查验合格，在有效期内。 （2）专业安装人员持各专业资格证，且在有效期内。 （3）防止人身触电：检查电源箱的漏电开关是否失灵，破损的电源线禁止使用，由电工操作电源箱。 （4）机械伤害：挂设机械操作规程并严格执行，设专职的机械操作人员。 （5）防止高处落物：工人进入施工现场按要求戴好安全帽，向上传递物品时严禁上抛，需用工具袋传递。 （6）吊装、高处坠落：使用合格的吊具，吊装下方不得站人，作业人员应听从统一指挥，身体不能在夹缝内，作业人员应使用安全带
35	ADSS接头型耐张串安装		（1）采用预绞式耐张线夹。 （2）金具串上的各种螺栓、穿钉，除有固定的穿向外，其余穿向应统一。 （3）光缆接头引下线要自然，顺畅、美观，螺栓紧固应达到扭矩要求。 （4）缠绕预绞丝时应保证两端整齐，并保持预绞丝形状。 （5）采用预绞式耐张线夹。	同工艺标准	（1）安装所需工器具专业资质机构查验合格，在有效期内。 （2）专业安装人员持各专业资格证，且在有效期内。 （3）防止人身触电：检查电源箱的漏电开关是否失灵，破损的电源线禁止使用，由电工操作电源箱。

续表

编号	工艺名称	工艺流程	工艺标准及施工要点	验收标准	安全要点
35	ADSS接头型耐张串安装		（6）金具串上的各种螺栓、穿钉，除有固定的穿向外，其余穿向应统一。 （7）光缆接头引下线要自然，顺畅、美观，螺栓紧固应达到扭矩要求。 （8）缠绕预绞丝时应保证两端整齐，并保持预绞丝形状		（4）机械伤害：挂设机械操作规程并严格执行，设专职的机械操作人员。 （5）防止高处落物：工人进入施工现场按要求戴好安全帽，向上传递物品时严禁上抛，需用工具袋传递。 （6）吊装、高处坠落：使用合格的吊具，吊装下方不得站人，作业人员应听从统一指挥，身体不能在夹缝内，作业人员应使用安全带
36	ADSS防振鞭安装		（1）为了防止因防振鞭积污而产生电腐蚀，防振鞭和金具必须拉开距离： 1）110kV距离为1m。 2）35kV距离为0.5m。 3）10kV距离为0.5m。 （2）当档距小于100m时，可不安装防振鞭。 （3）当档距在100～250m时，应装2个防振鞭。 （4）当档距在250～400m时，应装4个防振鞭。 （5）当档距在400～800m时，应装6个防振鞭。 （6）防振鞭的型号与光缆相配套。 （7）两根防振鞭可以并绕。 （8）需要高空安装时，应采用辅助设备，不允许在光缆上施加压力	同工艺标准	（1）安装所需工器具专业资质机构查验合格，在有效期内。 （2）专业安装人员持各专业资格证，且在有效期内。 （3）防止人身触电：检查电源箱的漏电开关是否失灵，破损的电源线禁止使用，由电工操作电源箱。 （4）机械伤害：挂设机械操作规程并严格执行，设专职的机械操作人员。 （5）防止高处落物：工人进入施工现场按要求戴好安全帽，向上传递物品时严禁上抛，需用工具袋传递。 （6）吊装、高处坠落：使用合格的吊具，吊装下方不得站人，作业人员应听从统一指挥，身体不能在夹缝内，作业人员应使用安全带
37	塔位牌安装		（1）塔位牌的样式与规格，符合国家电网公司的规定。 （2）安装在线路铁塔小号侧的醒目位置，安装位置尽量避开脚钉，距地面的高度对同一工程应统一安装位置。 （3）宜采用螺栓固定，牢固可靠	同工艺标准	（1）安装所需工器具专业资质机构查验合格，在有效期内。 （2）专业安装人员持各专业资格证，且在有效期内。 （3）防止高处落物：工人进入施工现场按要求戴好安全帽，向上传递物品时严禁上抛，需用工具袋传递。

续表

编号	工艺名称	工艺流程	工艺标准及施工要点	验收标准	安全要点
37	塔位牌安装				（4）吊装、高处坠落：使用合格的吊具，吊装下方不得站人，作业人员应听从统一指挥，身体不能在夹缝内，作业人员应使用安全带
38	相位标识牌安装		（1）相位标识牌的样式与规格，符合集团公司的规定。 （2）安装在导线挂点附近的醒目位置。 （3）采用螺栓固定，牢固可靠	同工艺标准	（1）安装所需工器具专业资质机构查验合格，在有效期内。 （2）专业安装人员持各专业资格证，且在有效期内。 （3）防止高处落物：工人进入施工现场按要求戴好安全帽，向上传递物品时严禁上抛，需用工具袋传递
39	警示牌安装		（1）警示牌的样式与规格，符合国电公司的规定。 （2）警示牌距地面的高度对同一工程应统一安装位置。 （3）采用螺栓固定，牢固可靠	同工艺标准	（1）安装所需工器具专业资质机构查验合格，在有效期内。 （2）专业安装人员持各专业资格证，且在有效期内。 （3）防止高处落物：工人进入施工现场按要求戴好安全帽，向上传递物品时严禁上抛，需用工具袋传递。 （4）防止高处坠落：临边安装警示标志时要注意保持安全距离

电缆线路工程部分

编号	工艺名称	工艺流程	工艺标准及施工要点	验收标准	安全要点
1	直埋电缆沟槽开挖		（1）通过收资，了解电缆所经地区的管线或障碍物的情况，并在适当位置进行样沟的开挖，开挖深度应大于电缆埋设深度。 （2）按电缆路径开挖沟槽，应满足以下要求： 1）自地面至电缆上面外皮的距离，不小于 0.7m，35kV 及以上为 1m。 2）穿越道路和农地时分别为 1m 和 1.2m。 3）穿越城市交通道路和铁路路轨时，应满足设计规范要求并采取保护措施。 4）在寒冷地区施工，开挖深度还应满足电缆敷设于冻土层之下，或采取穿管等特殊措施。 （3）沟槽开挖前应进行围护工作。 （4）电缆敷设工程必须根据批准的设计文件，在敷设电缆前要挖掘足够数量的样洞，查清沿线地下管线和土质情况，以确定电缆的正确走向。 （5）样沟深度应大于电缆敷设深度。 （6）开挖路面时，应将路面铺设材料和泥土分别堆置，堆置处和沟边应保持不小于 300mm 的通道。堆土高度不宜高于 0.7m。 （7）对开挖出的泥土应采取防止扬尘的措施。 （8）在山坡地带直埋电缆，应挖成蛇形曲线，曲线振幅为 1.5m，以减缓电缆的敷设坡度，使其最高点受拉力较小，且不易被洪水冲断	（1）通过现场勘查，了解电缆所经地区的管线或障碍物的情况，并在适当位置进行样沟的开挖，开挖深度应大于电缆埋设深度。 （2）按电缆设计路径开挖沟槽，开挖深度应满足设计要求，电缆表面距离地面不应小于 0.7m。 （3）沟槽底部遇到树根、块石等杂物应清除干净；开挖完毕，注意做好排水及防范雨水灌槽。 （4）在寒冷地区施工，开挖深度还应满足电缆敷设干冻土层之下，或采取穿管等特殊措施	（1）安装所需工器具专业资质机构查验合格，在有效期内。 （2）专业安装人员持各专业资格证，且在有效期内。 （3）防止人身触电：检查电源箱的漏电开关是否失灵，破损的电源线禁止使用，由电工操作电源箱。 （4）机械伤害：挂设机械操作规程并严格执行，设专职的机械操作人员。 （5）防止高处落物：工人进入施工现场按要求戴好安全帽，向上传递物品时严禁上抛，需用工具袋传递。 （6）做好临边防护工作，设立围栏及明显的警示标志
2	直埋电缆敷设		（1）直埋于地下的电缆上下应铺以不小于 100mm 厚的软土或沙层，并加盖两层电缆保护板，第二层保护板必要时用预制钢筋混凝土板加以保护，其覆盖宽度应超过电缆两侧各 50mm，然后用预制钢筋混凝土板加以保护。也可把电缆放入预制钢筋混凝土槽盒内后填满砂或细土，然后盖上槽盒盖。为识别电缆走向，宜沿电缆敷设路径设置电缆标识。 （2）电缆穿越城市交通道路和铁路路轨时应采取保护措施。 （3）电缆排列整齐，弯度一致，电缆同路径顺行敷设时电缆在转弯处不应出现交叉。	同工艺标准	（1）安装所需工器具专业资质机构查验合格，在有效期内。 （2）专业安装人员持各专业资格证，且在有效期内。 （3）防止人身触电：检查电源箱的漏电开关是否失灵，破损的电源线禁止使用，由电工操作电源箱。 （4）机械伤害：挂设机械操作规程并严格执行，设专职的机械操作人员。

续表

编号	工艺名称	工艺流程	工艺标准及施工要点	验收标准	安全要点
2	直埋电缆敷设		（4）电缆在敷设过程中无机械损伤。直埋电缆接头盒外应有防止机械损伤的保护盒（环氧树脂接头盒除外）。 （5）电缆穿波纹管敷设时，应沿波纹管顶全长加盖保护板或浇筑厚度不小于 100mm 的素混凝土，宽度不应小于管外两侧各 50mm。 （6）电缆敷设前，在线盘处、转角处使用专用转弯机具，将电缆盘、牵引机和滚轮等布置在适当的位置，电缆盘应有刹车装置。 （7）电缆应有牵引头，机械敷设时，应在牵引头或钢丝网套与牵引钢丝绳之间安装防捻器。牵引强度符合验收规范中的要求，在电缆牵引头、电缆盘、牵引机、过路管口、转弯处及可能造成电缆损伤处应采取保护措施，有专人监护并保持通信畅通。 （8）电缆敷设后覆土前通知测绘人员对已敷电缆进行测绘		（5）防止高处落物：工人进入施工现场按要求戴好安全帽，向上传递物品时严禁上抛，需用工具袋传递。 （6）严禁沿地面明设，并避免机械损伤和介质腐蚀
3	回填土		（1）盖板上铺设防止外力损坏的警示标识后，在电缆周围回填较好的土层或按市政要求回填。 （2）回填土应分层夯实。回填料的压实系数一般不宜小于 0.94，回填土中不应含有石块或其他硬质物。 （3）电缆周围应选择较好的土或黄沙填实，电缆上面应有不小于 100mm 的沙土层再覆盖盖板，盖板上铺设防止外力损坏的警示带后再分层夯实至路面修复高度	（1）回填土的土质要对电缆外护套无腐蚀性。 （2）回填土应及时并分层夯实	（1）回填过程中，应有专职安全人员在现场负责安全监督，有专业电工对现场夯实机械进行用电维护，确保回填作业安全顺利进行。 （2）整个施工过程中，要注意临时施工用电的安全防护工作，所有用电设备应经专业电工提前做好检查，确保所有用电设备运转良好后，方可投入使用。 （3）所有用电设备应保证一机一闸，从三级配电箱内引出，配电箱应指定专业电工看管，保证临时用电安全可靠。 （4）临时搭设的电线电缆应挂设整齐，不得搭设在临边钢管上。 （5）施工现场禁止打闹嬉戏，不得随意抛丢材料器具，临边防护须提前做好并挂设明显警示牌。 （6）施工及管理人员必须佩戴安全帽、穿劳保鞋，否则不允许进入施工现场

续表

编号	工艺名称	工艺流程	工艺标准及施工要点	验收标准	安全要点
4	电缆登杆（塔）/引上敷设		（1）电缆登杆（塔）应设置电缆终端支架（或平台）、避雷器、接地箱及接地引下线。终端支架的定位尺寸应满足各相导体对接地部分和相间距离、带电检修的安全距离。 （2）电缆敷设时最小弯曲半径应符合规定。 （3）单芯电缆应采用非磁性材料制成的夹具。登塔电缆夹具开挡一般不大于1.5m。 （4）需要登杆（塔）/引上敷设的电缆，在敷设时，要根据杆塔/引上的高度留有足够的余线，余线不能打圈。 （5）单芯电缆的夹具一般采用两半组合结构，并采用非磁性材料。 （6）电缆登杆（塔）处，接地电阻 R 小于或等于4Ω	同工艺标准	（1）安装所需工器具专业资质机构查验合格，在有效期内。 （2）专业安装人员持各专业资格证，且在有效期内。 （3）防止人身触电：检查电源箱的漏电开关是否失灵，破损的电源线禁止使用，由电工操作电源箱。 （4）机械伤害：挂设机械操作规程并严格执行，设专职的机械操作人员。 （5）防止高处落物：工人进入施工现场按要求戴好安全帽，向上传递物品时严禁上抛，需用工具袋传递。 （6）吊装、高处坠落：使用合格的吊具，吊装下方不得站人，作业人员应听从统一指挥，身体不能在夹缝内，作业人员应使用安全带
5	电缆保护管安装		（1）在电缆登杆（塔）处，凡露出地面部分的电缆应套入具有一定机械强度的保护管加以保护。 （2）露出地面的保护管总长不应小于2.5m，埋入非混凝土地面的深度不应小于100mm。 （3）三芯电缆保护管宜采用钢管，单芯电缆应采用非磁性材料制成的保护管。 （4）保护管埋地部分应满足电缆弯曲半径的要求。 （5）保护管上口应做好密封处理。 （6）保护管应做好防盗措施。 （7）保护管断口处不得因切割造成锋利切口，不得将切割过程中产生的残屑留于管内。金属保护管断口应均匀胀成光滑喇叭口（喇叭口外径为保护管外径的1.1倍），避免金属管断口割伤电缆外护层。 （8）保护管上口用防火材料做好密封处理。 （9）保护管固定螺栓应拧紧打毛或采取其他防盗措施	同工艺标准	（1）安装所需工器具专业资质机构查验合格，在有效期内。 （2）专业安装人员持各专业资格证，且在有效期内。 （3）防止人身触电：检查电源箱的漏电开关是否失灵，破损的电源线禁止使用，由电工操作电源箱。 （4）机械伤害：挂设机械操作规程并严格执行，设专职的机械操作人员。 （5）防止高处落物：工人进入施工现场按要求戴好安全帽，向上传递物品时严禁上抛，需用工具袋传递。 （6）吊装、高处坠落：使用合格的吊具，吊装下方不得站人，作业人员应听从统一指挥，身体不能在夹缝内，作业人员应使用安全带

续表

编号	工艺名称	工艺流程	工艺标准及施工要点	验收标准	安全要点
6	交联电缆预制式中间接头安装（35kV及以下）		（1）按照制造商工艺文件施工。 （2）中间接头如布置在支架上，则接头支架的结构型式应与接头相匹配，与所安装的地点和环境相适应。电缆线芯连接金具，应采用符合标准的连接管，其内径应与电缆线芯紧密配合，间隙不应过大。 （3）铜屏蔽连接需符合工艺、规范要求。 （4）电缆接头前，对电缆进行校潮。 （5）检查附件规格与电缆规格是否一致。 （6）剥切电缆护层时不得损伤下一层结构，护套断口要均匀整齐，不得有尖角及缺口。 （7）绝缘处理后直径应注意工艺过盈配合要求，绝缘表面处理应光洁、对称。 （8）选择与电缆截面相配的模具进行压接，压接后压接管表面应保持光洁无毛刺。 （9）预制件定位前应在接头两侧做标记，并均匀涂抹硅脂。如使用氮气辅助定位，则完毕后应施放余气，检查预制件表面是否有损伤。 （10）接地线宜采用锡焊，接地要牢固、平整无毛刺。 （11）直埋电缆接头应有防止机械损伤的保护结构或外设保护盒	同工艺标准	（1）安装所需工器具专业资质机构查验合格，在有效期内。 （2）专业安装人员持各专业资格证，且在有效期内。 （3）防止人身触电：检查电源箱的漏电开关是否失灵，破损的电源线禁止使用，由电工操作电源箱。 （4）机械伤害：挂设机械操作规程并严格执行，设专职的机械操作人员。 （5）防止高处落物：工人进入施工现场按要求戴好安全帽，向上传递物品时严禁上抛，需用工具袋传递。 （6）吊装、高处坠落：使用合格的吊具，吊装下方不得站人，作业人员应听从统一指挥，身体不能在夹缝内，作业人员应使用安全带
7	交联电缆预制式终端安装（35kV及以下）		（1）按照制造商工艺文件施工。 （2）终端的结构型式与电缆所连接的电气设备的特点必须相适应，设备终端和GIS终端应具有符合要求的接口装置，其连接金具必须相互配合。 （3）接地线（网）连接应满足电气要求。 （4）电缆终端接头前，对电缆进行校潮。 （5）检查附件规格与电缆规格是否一致。 （6）户外终端应使用专用定位支架。 （7）剥切电缆护层时不得损伤下一层结构，护套断口要均匀整齐，不得有尖角及缺口。	同工艺标准	（1）安装所需工器具专业资质机构查验合格，在有效期内。 （2）专业安装人员持各专业资格证，且在有效期内。 （3）防止人身触电：检查电源箱的漏电开关是否失灵，破损的电源线禁止使用，由电工操作电源箱。 （4）机械伤害：挂设机械操作规程并严格执行，设专职的机械操作人员。 （5）防止高处落物：工人进入施工现场按要求戴好安全帽，向上传递物品时严禁上抛，需用工具袋传递

续表

编号	工艺名称	工艺流程	工艺标准及施工要点	验收标准	安全要点
7	交联电缆预制式终端安装（35kV及以下）		（8）接地线锡焊要牢固、平整无毛刺。 （9）热缩管热缩要均匀无气泡、无碳化痕迹。 （10）绝缘处理后直径应注意工艺过盈配合要求，绝缘表面处理应光洁、对称。 （11）增绕半导电带的尺寸、直径应符合工艺要求。 （12）预制件定位前应将电缆表面清洁干净，并均匀涂抹硅脂。 （13）选择点压或六角形围压进行压接，压接后接管表面应保持光洁无毛刺。 （14）户内预制终端接头，预制件下口与电缆应保持大于100mm的直线距离。 （15）相色带绕包应统一、规范，线路铭牌应挂在终端接头的明显处		
8	防火封堵	1. 电缆敷设布置设计 2. 电缆敷设 3. 电缆整理 4. 电缆绑扎固定 5. 刷防火涂料 6. 安装防火板及防火隔墙	（1）当贯穿孔口直径不大于150mm时，应采用无机堵料防火灰泥，有机堵料如防火泥、防火密封胶、防火泡沫或防火塞等封堵。 （2）当贯穿孔口直径大于150mm时，应采用无机堵料防火灰泥，或有机堵料如防火发泡砖、矿棉板或防火板，并辅以有机堵料如膨胀型防火密封胶或防火泥等封堵。	（1）敷设阻燃电缆的电缆沟每隔80～100m设置一个隔断，敷设非阻燃电缆的电缆沟宜每隔60m设置一个隔断，一般设置在临近电缆沟交叉处。 （2）防火墙中间采用无机堵料、防火或耐火砖堆砌，其厚度一般不小于250mm，两侧采用厚度为10mm以上的防火隔板封隔。 （3）防火墙顶部用有机堵料填平整，并加盖防火隔板；底部必须留有两个排水孔洞，排水孔洞处可利用砖块砌筑。 （4）防火墙应采用热镀锌角钢做支架进行固定。 （5）电缆沟底、防火隔板的中间缝隙应采用有机堵料做线脚封堵，其厚度大于防火墙表层的10mm，宽度不得小于20mm，呈几何图形，面层平整。 （6）防火墙上部的电缆盖上应涂刷红色的明显标记。	（1）安装所需工器具专业资质机构查验合格，在有效期内。 （2）专业安装人员持各专业资格证，且在有效期内。 （3）机械伤害：挂设机械操作规程并严格执行，设专职的机械操作人员。 （4）防止高处落物：工人进入施工现场按要求戴好安全帽，向上传递物品时严禁上抛，需用工具袋传递

续表

编号	工艺名称	工艺流程	工艺标准及施工要点	验收标准	安全要点
8	防火封堵		（3）当电缆束贯穿轻质防火分隔墙体时，其贯穿孔口不宜采用无机堵料防火灰泥封堵。 （4）防火墙及盘柜底部封堵，防火隔板厚度不宜少于10mm。 （5）施工时将有机防火堵料密实嵌于需封堵的孔隙中，应包裹均匀密实。 （6）用隔板与有机防火堵料配合封堵时，有时防火堵料应略高于隔板，高出部分宜形状规则。	（7）电缆沟内防火墙两侧的电缆防火封堵。两侧电缆周围要利用有机堵料进行密实分隔包裹，其两侧厚度大于防火墙表层的20mm，电缆周围的有机堵料宽度不得小于30mm，面层平整。在防火墙两侧、电力电缆接头两侧、进入开关柜或经电缆层进屏柜的电缆需刷防火涂料，涂刷长度不小于1.0m，刷厚度应大于或等于1.0mm。 （8）电缆竖井在零米层与隧（沟）道的接口，以及穿过各层楼板的竖井口，竖井的长度大于7m时，每隔7m应设置阻火分隔。 （9）盘柜底部、端子箱底部铺设厚度为10mm的防火板，孔隙、缺口及电缆周围采用有机堵料进行密实封堵，并做线脚，线脚厚度不小于10mm，宽度不小于20mm，电缆周围有机堵料宽度不小于40mm，呈几何图形，两面平整。 （10）预留盘柜孔洞的防火封堵。预留盘柜洞。底部铺设厚度为10mm的防火板，在孔隙口用有机堵料进行密实封堵，并做线脚，线脚厚度不小于10mm，宽度不小于20mm。用防火包填充或无机堵料浇筑，塞满孔洞。在预留孔洞上部再采用钢板或防火板进行加固，以确保作为人行通道的安全性。如预留的孔洞过大应采用槽钢或角钢进行加固，将孔洞缩小后方可加装防火板，孔洞的规格应小于400mm×400mm。	

续表

编号	工艺名称	工艺流程	工艺标准及施工要点	验收标准	安全要点
8	防火封堵		（7）电缆预留孔和电缆保护管两端口用有机堵料封堵严实。填料嵌入管口的深度不小于50mm，预留孔封堵应平整	（11）电缆管口采用有机堵料严密封堵，管径小于50mm的堵料嵌入的深度不小于50mm，露出管口的厚度不小于10mm；随着管径增加，堵料嵌入管子的深度和露出管子的厚度也相应增加，管口堵料呈圆弧形。二次接线盒留孔处采用有机堵料将电缆均匀密实包裹，缺口、缝隙处使用有机堵料密实嵌入并做线脚，线脚厚度不小于10mm，宽度不小于20mm，电缆周围宽度不小于40mm	